Proyecto enfermero para evaluar la mejora en la autopercepción de salud del enfermo de SIDA excarcelado que vive en una casa de acogida

Mª Ángeles Cutilla Muñoz
Raquel Marín Morales
Mª del Rocío Martínez Capa
Máster Oficial Ciencias de la Enfermería 2009-2010

Copyright ©:

> Raquel Marín Morales,
>
> Mª Ángeles Cutilla Muñoz y
>
> Mª del Rocío Martínez Capa.

1ª Edición, Agosto 2012.

ISBN: 978-1-291- 02953-6

Distribuído por: www.lulu.com

Dedicado a todas las personas a las que la vida les dejó el amargo sabor de SIDA.

ÍNDICE:

1. Delimitación y justificación del tema objeto de estudio..8

2. Objetivo e hipótesis...14

3. Marco teórico...15

4. Metodología. Cuestionario evaluación autopercepción de salud y situación clínica....................................26

5. Bibliografía..28

6. Anexo..30

1. Delimitación y justificación del tema objeto de estudio.

El SIDA, desde su descubrimiento y como ninguna otra enfermedad, reunió los requisitos para producir rechazo social. Se trataba de una enfermedad nueva, de origen desconocido, contagiosa y mortal que afectaba a personas ajenas a la "normalidad social": homosexuales, drogadictos, prostitutas, pobres. El miedo global e individual al contagio provocaba, y provoca en la actualidad, el rechazo al afectado. Las circunstancias previas de vida de muchos de los infectados por VIH favorecen la ausencia de un entorno familiar capaz de facilitarles los cuidados básicos, abocándoles a situaciones de desprotección.

Nuestro estudio pretende centrarse en uno de estos colectivos, donde se aglutinan enfermedad, marginalidad, exclusión y soledad, como es el de los presos con VIH/SIDA que al ser puestos en libertad (porque cumplan su condena o bien por razones humanitarias, fase terminal), carezcan de apoyo social alguno, quedando en situación de desamparo. Ubicaremos nuestro interés en el enfermo infectado por VIH/SIDA con problemas de marginalidad grave (han salido de la cárcel y no tienen apoyo familiar ni social), un colectivo cuantitativa y cualitativamente importante para el que se ha acuñado la expresión SIDA social[1].

Se trata de individuos marginados y excluidos socialmente que se caracterizan por:

1. Haber adquirido la infección a través del uso de drogas por vía parenteral. Así mismo la adicción a diferentes sustancias psicotropas, por vía parenteral o, más frecuente, por vía oral o inhalada están presentes. La marginación y la toxicomanía se influyen mutuamente, agravando ambas situaciones
2. Sólo un 3-5% presentan vivienda propia y menos del 10% ha superado los estudios elementales.
3. La malnutrición, fundamentalmente calórica, es un fenómeno común resultante, con porcentajes en el momento de su ingreso del 50-70% de los individuos acogidos[2].
4. Cuando precisan hospitalización, ésta suele estar

relacionada con la drogadicción, inmunodeficiencia avanzada, patología asociada a agrupación en espacios reducidos, alteraciones higiénicas o a malnutrición. Las estancias hospitalarias de estos enfermos son más prolongadas y los reingresos frecuentes. El hospital resuelve los problemas agudos, sin ser capaz de actuar sobre las otras condiciones que afectan a la salud.

5. La aplicación y seguimiento de un tratamiento antirretroviral o frente a otras patologías, frecuentemente detectadas en este grupo de enfermos (como la tuberculosis), son difíciles de conseguir. El incumplimiento terapéutico es frecuente. Son, en definitiva, personas que más consumen recursos hospitalarios y se benefician escasamente de las terapias anti-VIH debido a su baja tasa de adherencia al tratamiento.

6. Han vivido la experiencia carcelaria siendo considerada como un eslabón más del entramado de la marginación. Se habla de "prisionización" como uno de los efectos devastadores de la cárcel como institución total.

7. El VIH/SIDA ya ha dejado de ser una enfermedad irremediablemente mortal, ha pasado a ser una enfermedad crónica.

Pues bien, este grupo lo vamos a estudiar en relación con un recurso social de gran importancia, las casas de acogida. En este sentido, la mejor forma de proporcionar unos cuidados eficaces y de optimizar los esfuerzos humanos y económicos es plantear un enfoque integral de la asistencia a estos afectados, tratando al mismo tiempo sus circunstancias sociales, la infección por VIH, sus procesos oportunistas, y la drogodependencia si la hubiera. Esta asistencia integral debe ser individualizada, priorizándose uno u otro aspecto según las características del paciente. Desde esta perspectiva, las casas de acogida se convierten en un elemento clave, al poder proporcionar los cuidados de forma coordinada y prolongada.

En este sentido, las casas de acogida para enfermos de SIDA nacen como recursos caritativos para proporcionar cuidados a estas personas. En ellas se proporciona alojamiento, aseo, alimentación, atención sanitaria y cuidados paliativos de tal forma que los enfermos infectados por VIH/SIDA puedan vivir y morir, si llegara el caso, con dignidad. No es de extrañar que quienes proporcionan inicialmente estas atenciones sean asociaciones religiosas y otras organizaciones no gubernamentales, cargadas de buena fe, voluntarismo y solidaridad pero carentes con frecuencia de un soporte sanitario y técnico especializado. Entendemos que si estudiamos cómo estas casas favorecen y mejoran la situación no sólo ya física, sino psicológica, relacional, y de autopercepción de salud de las personas que asisten, podríamos poner nuestro granito de arena para demostrar su importancia como recurso que no sólo tiene una labor focal, sino que sin duda puede tener un efecto más global, pudiendo disminuir los gastos sanitarios de recaídas y reingresos, así como ayudar a la autoestima y reinserción socio-laboral del afectado. Sería un importante logro que este recurso formara parte del derecho de estas personas a la continuidad asistencial y accesibilidad al sistema sanitario.

Pero como serían muchos los aspectos a estudiar, y pocos los estudios realizados (según revisión sistemática referida en el marco teórico), nosotros nos vamos a centrar en cómo esta asistencia integral influye en la mejora de la autopercepción de salud de estas personas.

2. Objetivo e hipótesis

Nuestro estudio tiene como <u>objetivo</u> evaluar cómo la terapia integral que sigue la persona afectada de VIH/SIDA que sale de prisión en la casa de acogida de la Cruz Roja en Huelva, influye en su autopercepción de salud.

Objetivos específicos:
- Evaluar los síntomas físicos predominantes.
- Saber si mejora el sufrimiento ante su experiencia de salud.
- Conocer las amenazas, preocupaciones, temores y miedos.
- Saber si mejora su adaptación y adherencia al tratamiento.

Hipótesis

La autopercepción de salud de los enfermos de VIH/SIDA fuera de prisión mejora con su estancia en la casa de acogida de la Cruz Roja en Huelva.

3. Marco teórico.

Según datos de la Secretaría General de instituciones penitenciarias en España hay alrededor de 76.700 reclusos de los cuales, un 8% -6.130- están infectados por el VIH. Andalucía se sitúa a la cabeza con 1.400 presos afectados de VIH. Una cifra "alarmante". La prevalencia de portadores del VIH y la tasa de infección apenas alcanza un 0,3% de la población general. Sin embargo, dentro de las cárceles, esta tasa es mucho mayor, multiplicándose por 10. El 27% de los presos padecen Hepatitis C. La tasa de presos sometidos a tratamiento de antirretrovirales está en el 5,4%, es decir, 4.140 presos. Ello supone que casi 2.000 presos, no siguen un tratamiento para su enfermedad.

Según los propios médicos de prisión "El ambiente penitenciario se percibe como un importante factor que dificulta la atención sanitaria de los pacientes ya que es considerado un medio paralelo a la red sanitaria normalizada, en el que no se prioriza la salud"[3]. Sin embargo, existen otros tipos de control institucional más adecuados como son las VAES (Viviendas de Apoyo a Enfermos de SIDA), que son escasas. En Andalucía sólo existen cinco, tres en Cádiz y dos en Málaga.

Entre los años 2006, 2007 y 2008, 645 personas fallecieron en prisión, según datos oficiales. De ellas, 183 sucedieron en cárceles andaluzas. Solo la mitad de las muertes (52%) lo fueron por causas naturales (sin incluir en estas el VIH/SIDA). Por VIH/SIDA fallecieron en el total de las prisiones 88 personas, 24 de ellas en Andalucía.

La doctora Fabienne Hariga, de la Oficina de la ONU sobre Drogas y Delitos, y el doctor Alasdair Reid, de ONUSIDA, remarcaron las desalentadoras estadísticas de salud referentes a las personas que están en la cárcel. Según Hariga, hasta el 65% de algunas poblaciones carcelarias están infectadas por VIH[4].

Además de esto, afirma Alasdair Reid, las tasas de tuberculosis en las prisiones son hasta 50 veces superiores a las registradas en la población general. Se observan tasas más altas en los reclusos que han cumplido sentencias más largas, lo que relaciona el hecho de adquirir la tuberculosis con el tiempo pasado en prisión. Los internos tienen, asimismo, más posibilidades de morir por tuberculosis y/o falta de tratamiento que la población no carcelaria.

La doctora Hariga insiste en que estos malos indicadores no sólo suponen una amenaza para la salud de los reclusos, sino también para la salud pública, ya que, al ser puestos en libertad los internos, el VIH y la tuberculosis pueden propagarse con facilidad en las comunidades.

Sólo la mitad de los médicos de prisión consideran formados adecuadamente para tratar el VIH/SIDA, así pues solo el 46% prescribe tratamiento antirretroviral[5].

Actualmente un 50% de los reclusos se encuentra cumpliendo condena fuera de su provincia y un 15% lejos de su comunidad autónoma viéndose gravemente afectado su estado de salud. La dispersión reduce el contacto con sus familiares obstaculizando sus posibilidades de reinserción y su recuperación sanitaria y golpea a familias pobres que no reciben ayudas para los desplazamientos, sometiéndoles a un sufrimiento innecesario y a una pena complementaria a la que no fueron condenados.

Según la Asociación Pro Derechos Humanos de Andalucía existe una dejadez de los poderes públicos respecto a la atención sanitaria que se ofrece al preso y enfermo de VIH en el interior de prisión que sólo aumenta la estigmatización y segregación de estas personas frente a la sociedad. Desde esta asociación instan a que se tomen medidas urgentes que garanticen a todos los internos sin excepción una atención médico-sanitaria equivalente a la dispensada al conjunto de la población.

Perspectiva legal del problema: la excarcelación de enfermos de sida.
El Código Penal establece, en la fase inicial de la ejecución de sentencia, la suspensión de la ejecución de las penas privativas de libertad, sometida siempre a la existencia de una serie de requisitos, excepto para los penados que estén aquejados de alguna enfermedad muy grave con padecimientos incurables pues podrán otorgar la suspensión de cualquier pena impuesta sin sujeción a requisito alguno" (Artículo 80.4 C.P.)[6].
Sin embargo la vía legal más factible de excarcelación de carácter humanitario, no es sino la aplicación a los presos, con enfermedades incurables y cuyo estado sea de suma gravedad, de la libertad condicional.

Sus requisitos son los siguientes:

1º.- Que se encuentren en el tercer grado de tratamiento penitenciario.

2º.- Que hayan extinguido las tres cuartas partes de la condena impuesta.

3º.- Que hayan observado buena conducta, y exista respecto de los mismos un pronóstico individualizado y favorable de reinserción social, emitido por los expertos que el Juez de Vigilancia estime convenientes.

No obstante lo dispuesto en los artículos anteriores, los sentenciados que hubieran cumplido la edad de 70 años, o la cumplan durante la extinción de la condena, y reúnan los requisitos establecidos, excepto el haber extinguido la tres cuartas partes de aquella, o en su caso las dos terceras, podrán obtener la concesión de la libertad condicional. El mismo criterio se aplicará cuando, según informe médico, se trate de enfermos muy graves, con padecimientos incurables".

El Reglamento Penitenciario[7] regula de modo más adecuado la cuestión que nos ocupa en su artículo 104.4 al posibilitar que a los enfermos muy graves con padecimientos incurables se les pueda clasificar en tercer grado -requisito indispensable como hemos visto, para la concesión de la libertad condicional- "por razones humanitarias y de dignidad personal, atendiendo a la dificultad para delinquir y a su escasa peligrosidad";

Más adelante, al tratar de la libertad condicional, el Reglamento Penitenciario regula el procedimiento y los sucesivos trámites administrativos para su concesión; se trata, de manera especial, de lo regulado en los artículos 195 y 196. De ellos destacaríamos **la exigencia de que en el expediente exista un informe social que garantice la existencia de vínculos sociales y familiares de apoyo en el exterior del Centro Penitenciario y en ausencia de los mismos que conste el compromiso de admisión del enfermo por parte de alguna Institución o Asociación.** Este requisito hace especialmente importante la existencia de instituciones que den contenido material a los deseos legales, por lo cual se justifica el presente proyecto.

Por otro lado, la opinión pública desconoce la frecuencia con que se muere en prisión y las circunstancias dramáticas en las cárceles. Hacia el exterior, no sale apenas información al respecto. A pesar de ello, es evidente que existía una enorme preocupación del Defensor del Pueblo y de la ciudadanía por el elevado número de enfermos que fallecen en las cárceles, o en hospitales, momentos o pocos días después de haber sido excarcelados. Tal preocupación expresada en 1997, continúa estando en vigor pasada más de una década. Por todo ello las medidas tendentes a reducir u oscurecer las cifras totales incluyen desde la opacidad informativa que es consustancial a la Dirección General de Instituciones Penitenciarias, hasta la excarcelación de agonizantes para que no conste como que han muerto internos en prisión. Por lo tanto, sería muy aventurado lanzar cifras al respecto; sin embargo es un hecho conocido en el entorno carcelario, que bastantes personas han muerto en la cárcel en los últimos años, y no de muerte sobrevenida e imprevista.

Es obvio que el trabajo terapéutico de calidad que se requiere ante las situaciones extremas que padecen muchos enfermos terminales, no puede ser llevado a cabo con garantías suficientes, al interior del medio carcelario. Es necesaria la excarcelación, para poder recuperar una cierta calidad de vida, incluso aunque sólo sea para poder morir dignamente. De cualquier forma las recuperaciones espectaculares que experimentan algunos enfermos, particularmente de SIDA, una vez que han sido excarcelados, tienen que ver, por supuesto con el hecho de que sigan el tratamiento con mayor seriedad y regularidad (a veces se llega a interrumpir voluntariamente la medicación como medio desesperado de conseguir del Juez de Vigilancia una excarcelación in extremis), pero también se ve muy influido por el hecho de recuperar la ilusión, la esperanza de que el cambio es factible, que existe un futuro, que es posible hacer algo más que vegetar sin perspectiva de nada.

Por este motivo creemos necesaria la creación de recursos por parte de la administración pública para asegurar el cumplimiento de los derechos de estas personas, especialmente de aquellos que no tienen acogida familiar, y siendo éste un requiso para la excarcelación de estos enfermos, ya que se ha demostrado que la falta de acogida familiar determina, en un alto porcentaje, la posibilidad de comisión de nuevos delitos. Y, por ello, sería urgente la puesta en marcha de Casas de Acogida de presos con Sida en fase terminal que garanticen el respeto de los derechos de estas personas.

4. Metodología

La población de estudio serán todos los presos enfermos de SIDA excarcelados en Huelva y acogidos en la casa de Cruz Roja desde …. hasta….

Se trata de un estudio de cohorte única, observacional, analítico y longitudinal prospectivo, con el que pretendemos medir el cambio que se produce en la percepción de salud y calidad de vida (efecto) en los presos enfermos de Sida cuando son excarcelados y acogidos en un hogar de Cruz Roja (factor de exposición).

Comparamos al grupo consigo mismo, antes de estar en la casa de acogida y después. Si nuestra hipótesis se confirma, el factor "acogida en hogar" actuará como factor protector.

Para medir la percepción de salud y calidad de vida utilizaremos el cuestionario validado del "Programa para la Atención a Personas con Enfermedad Avanzada" …. que aborda las siguientes dimensiones (variables de estudio): Síntomas físicos, bienestar general, síntomas psicológicos, adaptación, información/conocimientos, espiritualidad, necesidades/demandas/expectativas, comunicación con la familia, cohesión familiar, soporte familiar, amenazas/preocupaciones/temores y miedos, autonomía/vida social y relacional, vida afectiva y sexualidad.

El cuestionario se realiza mediante entrevista, siendo algunas de las dimensiones valoradas por el propio entrevistador.

El análisis estadístico se realizará con el paquete informático SPSS.

El seguimiento de esta cohorte lo realizaremos en cuatro momentos:
- Llegada a la casa de acogida.
- Pasado un mes de estancia en la casa de acogida.
- Tras 3 meses de estancia en la casa de acogida.
- Pasados 6 meses de estancia en la casa de acogida.

En cada uno de ellos pasaremos el cuestionario a cada persona excarcelada enferma de SIDA (terminal o no) que ingrese en la casa de acogida. Esto nos permitirá hacer comparaciones en la evolución de la persona desde que ingresa en la casa de acogida hasta pasados 6 meses. Limitamos el periodo de recogida de datos en 6 meses por la posibilidad de terminalidad de la enfermedad.

CUESTIONARIO EVALUACIÓN AUTOPERCEPCIÓN DE SALUD Y SITUACIÓN CLÍNICA

FICHA EVALUACIÓN DE PACIENTE

Programa para la atención integral

Código paciente		Nombre del profesional	
Fecha de visita	__/__/__	Ubicación de la visita*	Domicilio Hospital: consulta externa CP Hospital: unidad hospitalaria Centro Socio Sanitario Otro: _____

Para estos apartados, adjuntar hojas anexas siguiendo la numeración.

(1) Evaluación últimas semanas, significado e impacto
(2) Situación actual enfermedad e impacto
(3) Otros datos relevantes
(4) Pérdidas
(5) Otras observaciones

¿Procede evaluar dimensiones?	□ si □ no
Explicar si no procede	

Dimensión	Evaluación			
Síntomas físicos predominantes	Exploración (marcar los explorados)		Intensidad (0-10)	Preocupación (0-4)
	Anorexia			
	Náuseas			
	Vómitos			
	Disfagia			
	Boca seca			
	Pérdida de peso			
	Malos olores			
	Hemorragia			
	Tos			
	Disnea			
	Debilidad			
	Parálisis			
	Prurito			
	Somnolencia			
	Dolor			
	Confusión			
	Alucinaciones			
	Delirium			
	Otros			

	Evaluación	Observaciones	Objetivos	Actuación/cuidado
Bienestar general				
¿Cómo se siente usted de ánimo: bien, regular, mal o usted qué diría?				
Entre "muy mal" (0) y "muy bien" (10) ¿qué valor le daría?				
Sufrimiento				
En general, ¿Cómo se le hace el tiempo?* Lento Rápido Usted qué diría ___ * (referencia temporal)				
Síntomas psicológicos (0-10)				
Ansiedad				
Malestar				

FICHA EVALUACIÓN DE PACIENTE

Programa para la atención integral

Dimensión	Evaluación	Observaciones	Objetivos	Actuación / cuidado
Adaptación				
(valoración del profesional)	Nula			
	Escasa			
	Moderada			
	Buena			
	Excelente			
Información/conocimiento				
Conocimiento (valoración del profesional)	Ninguno			
	Dudoso			
	Conoce cáncer			
	3+piensa en la posibilidad de morir			
	Total			
Espiritualidad				
¿Le ayudan sus creencias en esta situación?	Sí no			
¿Quiere que hablemos de ello?	Sí no			
¿Desearía hablarlo con alguna persona en concreto?	Un amigo			
	Un sacerdote			
	Alguien específico del equipo			
	Otro			

Sentido	Relaciones
1. La vida está llena de sentido	1. Me siento muy cercano de las personas que me importan
2	2
3. Me siento generalmente motivado	3. Las relaciones/áreas más importantes de mi vida están ordenadas
4	4
5. La vida no tiene ningún sentido	5. Me siento muy lejos de alguien que es importante para mí
Paz/perdón	**Esperanza**
1. Me siento muy reconciliado y en paz conmigo y con los demás	1. Me siento lleno de esperanza
2	2
3. No hay temas importantes sin resolver o reparar en mi vida	3. En general tengo confianza en el futuro
4	4
5. Tengo una sensación muy intensa de falta de paz y perdón	5. Me siento muy deprimido y desesperado

Dimensión	Evaluación	Observaciones	Objetivos	Actuación / cuidado
Necesidades/demandas/expectativas				
¿Cómo cree que le podemos ayudar?				
Comunicación con familia				
Durante los últimos 3 días, ¿ha podido comentar cómo se siente con sus familiares o amigos?	Sí, siempre que he querido			
	Casi siempre			
	A veces			
	Casi nunca			
	No, en ningún momento			
Cohesión familiar				
Soporte de familia				
Durante los últimos 3 días, ¿algún familiar o allegado se ha sentido angustiado o preocupado por usted?	No, en ningún momento			
	Casi nunca			
	A veces, parece afectar a su concentración			
	Casi siempre			
	Sí, están preocupados en todo momento			
Amenazas / preocupaciones/ temores y miedos				
Durante los últimos 3 días, ¿se ha sentido angustiado o preocupado por la enfermedad o por el tratamiento?	No, en ningún momento			
	Casi nunca			
	Casi siempre: a menudo no me puedo concentrar			
	No puedo pensar en otra cosa: me siento muy preocupado y angustiado			
Autonomía/ vida social y relacional				
Barthel (0 – 100)				
Vida afectiva/sexualidad				

5. Bibliografía

1. Tinoco I, Girón JA, González MT, Vergara A, Rodríguez L, Bascuñana A. Tratamiento antirretroviral directamente observado. Experiencia en Casas de Acogida de enfermos con SIDA. IV Congreso de la Sociedad Andaluza de Enfermedades Infecciosas, Jerez (Cádiz), 2002.

2. Vergara A, Girón JA, Bascuñana A, et al. Tratamiento directamente observado en la coinfección enfermedad tuberculosa/infección VIH en incumplidores: experiencia de una Casa de Acogida. Enferm Infecc Microbiol Clin 2002 (supl 1): 81

3. Revista Española de Sanidad Penitenciaria. 2009; 11: 42-48

4. Aids. Official Journal of The International AIDS Society. (acceso 18 Abril de 2010) Disponible en : http://www.aidsmap.com/es/news/B593A13B-4607-4D22-9A92-D965769F3747.asp

5. Revista Española de Sanidad Penitenciaria 2009; 11: 42-48

6. Ley orgánica 10/1995, de 23 de noviembre, del Código penal. *Boletín Oficial del Estado*, 24 de noviembre de 1995,

núm. 281, p. 33987.

7. Real Decreto 190/1996 de 9 de febrero, del Reglamento Penitenciario Español. *Boletín Oficial del Estado,* de 15 de febrero.

ANEXOS

Evaluación de la mejora en la autopercepción de salud del enfermo de SIDA excarcelado que vive en una casa de acogida

Mª Ángeles Cutilla Muñoz, Raquel Marín Morales, Mª Rocío Martínez Capa
Sociedad y Salud. Máster Oficial Ciencias de la Enfermería 2009-2010

---

1. Delimitación y justificación del tema objeto de estudio

Personas ajenas a la "normalidad social": presos y enfermos de SIDA

marginalidad
exclusión
soledad
enfermedad

1. Delimitación y justificación del tema objeto de estudio

Ubicaremos nuestro interés en el enfermo infectado por VIH/SIDA con problemas de marginalidad grave (han salido de la cárcel y no tienen apoyo familiar ni social), un colectivo cuantitativa y cualitativamente importante para el que se ha acuñado la expresión de:

SIDA social

1. Delimitación y justificación del tema objeto de estudio

1. Haber adquirido la infección a través del uso de drogas por vía parenteral.
2. Sólo un 3-5% presentan vivienda propia y menos del 10% ha superado los estudios elementales.
3. La malnutrición es un fenómeno común.
4. Las estancias hospitalarias de estos enfermos son más prolongadas y los reingresos frecuentes. El hospital resuelve los problemas agudos, sin ser capaz de actuar sobre las otras condiciones que afectan a la salud.

SIDA social

1. Delimitación y justificación del tema objeto de estudio

5. El incumplimiento terapéutico es frecuente
6. Han vivido la experiencia carcelaria
7. El VIH/SIDA ya ha dejado de ser una enfermedad irremediablemente mortal, ha pasado a ser una enfermedad crónica.

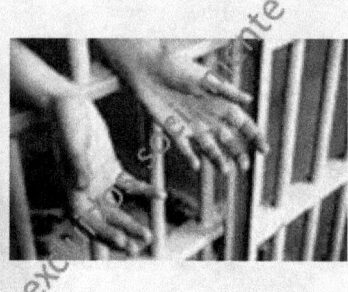

SIDA social

1. Delimitación y justificación del tema objeto de estudio

Casas de acogida

Enfoque integral de la asistencia:
- circunstancias sociales
- la infección por VIH
- sus procesos oportunistas
- y la drogodependencia si la hubiera.

1. Delimitación y justificación del tema objeto de estudio

Casas de acogida

asistencia integral

mejora de la autopercepción de salud

1. Delimitación y justificación del tema objeto de estudio

   **Requisitos para la excarcelación:**

➢ Que se encuentren en el tercer grado de tratamiento penitenciario.
➢ Que hayan extinguido las tres cuartas partes de la condena impuesta.
➢ Que hayan observado buena conducta, y exista respecto de los mismos un pronóstico individualizado y favorable de reinserción social, emitido por los expertos que el Juez de Vigilancia estime convenientes.

2. Hipótesis

La autopercepción de salud de los enfermos de VIH/SIDA fuera de prisión mejora con su estancia en la casa de acogida de la Cruz Roja en Huelva.

3. Población de estudio

Todos los presos enfermos de SIDA excarcelados en Huelva y acogidos en la casa de Cruz Roja desde .... hasta....

4. Metodología

Comparamos al grupo consigo mismo, antes de estar en la casa de acogida y después. Si nuestra hipótesis se confirma, el factor "acogida en hogar" actuará como factor protector.

Para medir la percepción de salud y calidad de vida utilizaremos el cuestionario validado del "Programa para la Atención a Personas con Enfermedad Avanzada" ... que aborda las siguientes dimensiones (variables de estudio): Síntomas físicos, bienestar general, síntomas psicológicos, adaptación, información/conocimientos, espiritualidad, necesidades/demandas/expectativas, comunicación con la familia, cohesión familiar, soporte familiar, amenazas/preocupaciones/temores y miedos, autonomía/vida social y relacional, vida afectiva y sexualidad.

El cuestionario se realiza mediante entrevista, siendo algunas de las dimensiones valoradas por el propio entrevistador.

5. Bibliografía

- 1. Tinoco I, Girón JA, González MT, Vergara A, Rodríguez L, Bascuñana A. Tratamiento antirretroviral directamente observado. Experiencia en Casas de Acogida de enfermos con SIDA. IV Congreso de la Sociedad Andaluza de Enfermedades Infecciosas, Jerez (Cádiz), 2002.
- 2.Vergara A, Girón JA, Bascuñana A, et al. Tratamiento directamente observado en la coinfección enfermedad tuberculosa/infección VIH en incumplidores: experiencia de una Casa de Acogida. Enferm Infecc Microbiol Clin 2002 (supl 1): 81
- 3. Revista Española de Sanidad Penitenciaria. 2009; 11: 42-48
- 4. Aids. Official Journal of The International AIDS Society. (acceso 18 Abril de 2010) Disponible en : http://www.aidsmap.com/es/news/B593A13B-4607-4D22-9A92-D965769F3747.asp
- 5. Revista Española de Sanidad Penitenciaria 2009; 11: 42-48
- 6. Ley orgánica 10/1995, de 23 de noviembre, del Código penal. *Boletín Oficial del Estado*, 24 de noviembre de 1995, núm. 281, p. 33987.
- 7. Real Decreto 190/1996 de 9 de febrero, del Reglamento Penitenciario Español. *Boletín Oficial del Estado*, de 15 de febrero.

www.ingramcontent.com/pod-product-compliance
Lightning Source LLC
Chambersburg PA
CBHW072306170526
45158CB00003BA/1212